Will Hofmann

Wildbienen

Schlüpfen im Konservenglas

Wild Bees

Hatching in a Jar

Abeilles Sauvages

Éclosion dans un bocal

WIEBERS VERLAG

Inhalt

<u>Bildnachweis</u>

Alle Bilder stammen von Will Hofmann

Content

<u>Picture Credits</u>

All the pictures derive from Will Hofmann

Table des matières

<u>Crédit photos</u>

L'auteur des photos est Will Hofmann

Impressum

2. Auflage 2018

ISBN 978-3-942606-62-2

Imprint

2. Edition 2018

ISBN 978-3-942606-62-2

Translation: Susanne Ollmann, Kalle Max Hofmann

Publisher:
© 2015 Wiebers Verlag, Berlin
www.wiebers-verlag.de

Mentions légales

2ème édition 2018

ISBN 978-3-942606-62-2

Traduction:
Linguaviva GmbH.

© 2015 Wiebers Verlag, Berlin
www.wiebers-verlag.de

Druck: Libri Plureos GmbH
Print : Friedensallee 273
Impression: 22763 Hamburg

Es begann damit, dass wir im Januar auf die Südseite unseres Einfamilienhäuschens eine Photovoltaik-Anlage installieren ließen.

This story began when we had solar panels installed on the roof of our little house.

Tout a commencé lorsque nous avons installé un système photovoltaïque sur la face sud de notre petite maison individuelle en janvier.

Eines der Dachfenster ließ sich seit Langem nicht mehr schließen. Damit es im Winter nicht allzusehr hineinzieht, hatte ich es mit Filz abgeklebt. Es wurde mehrere Jahre nicht benutzt.

I hadn't been able to properly close one of the attic windows for a couple of years. The mechanism was stuck for some reason. To provide insulation for the cold season, I had simply used some cloth and duct tape.

Une des lucarnes ne pouvait plus être fermée depuis longtemps. Je l'avais calfeutrée avec du feutre pour éviter les trop forts courants d'air en hiver. Elle n'a pas été utilisée depuis plusieurs années.

Das Fenster zum Süden hin funktioniert einwandfrei. Da es durch die Module sowieso nicht mehr zu öffnen war, wollte ich es mit dem defekten austauschen.

Dabei kam die Überraschung: Der Mechanismus steckte voller Dreck!

The window on the southern side of the roof still worked fine, but we wouldn't be able to open this one anymore once the solar panels were installed, so I decided to swap out the window frames beforehand.

I was surprised to find a lot of dried-out mud in the base of the frame.

La fenêtre de la face sud fonctionnait parfaitement. Puisqu'elle était condamnée par les modules, je voulais la remplacer et mettre la fenêtre défectueuse à la place.

Et voilà la surprise: Le mécanisme était plein de saletés!

14
15
16

Den kratzte ich nun heraus, stellte aber schnell fest, dass in der lehmartigen Substanz eingetrocknete tierische Strukturen steckten. Ich dachte an so etwas wie Kellerasseln.

As I began to remove it, I quickly noticed animal-made structures in there. Their shapes reminded me of centipedes or bugs.

J'ai donc bien gratté, mais je me suis rapidement rendu compte que la substance argileuse contenait des structures animales séchées. Je pensais à quelque chose comme des cloportes.

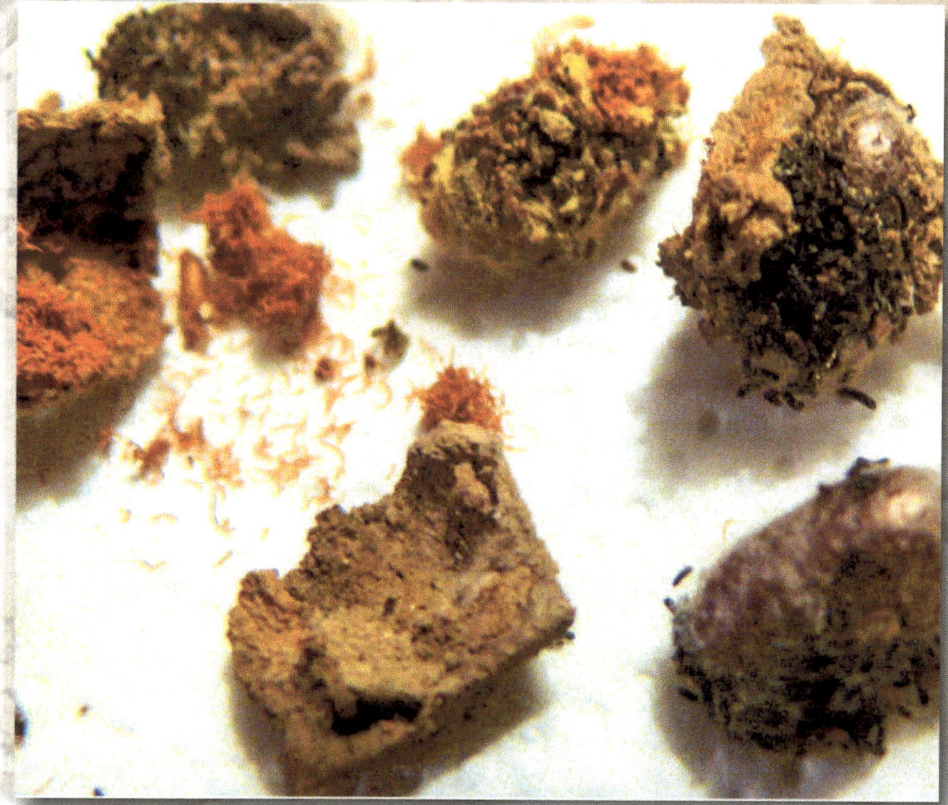

Von da ab präparierte ich die Strukturen vorsichtig heraus, um sie einmal jemandem zu zeigen, der sich damit auskennt.

I was really curious about their origin and began to remove them very carefully, so I might show them to an expert later.

J'ai donc bien gratté, mais je me suis rapidement rendu compte que la substance argileuse contenait des structures animales séchées. Je pensais à quelque chose comme des cloportes.

Alles landete in einem Konservenglas.

Zwei Wochen später dann die riesige Überraschung. In dem Glas krabbelte schwerfällig eine kleine Biene herum!

I left the recovered material in a large jar.

Two weeks later, I got a huge surprise: I saw a little bee crawling around inside the jar, seemingly disoriented.

Le tout a été mis dans un bocal en verre.

Et deux semaines plus tard l'énorme surprise. Une petite abeille rampait un peu difficilement dans le bocal!

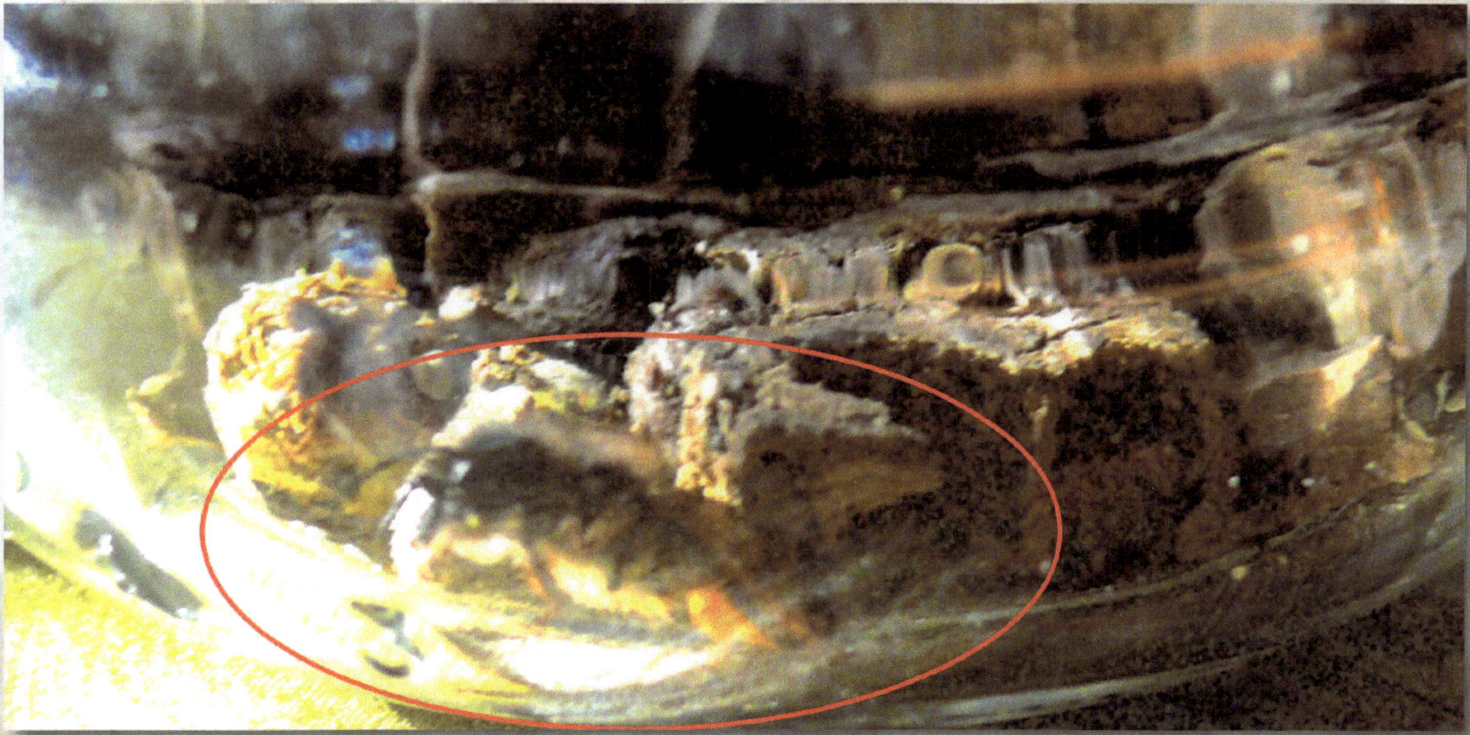

Bald schon kletterte sie in die Höhe.

Und wenig später waren sie zu dritt.

Soon, it began to climb up, and a little later, there were three of them!

Bientôt, elle grimpait vers le haut.

Et un peu plus tard, elles étaient à trois.

Ich machte Aufnahmen und verschickte eMails. Ein Freund klärte mich auf:

Das sind Solitär-Bienen, Rostrote Mauerbienen (Osmia bicornis).

I took some pictures and emailed them to some friends.

One of them identified them as solitary bees, red mason bees (Osmia bicornis).

J'ai pris des photos et envoyé des courriels. Un ami m'expliqua:

Ce sont des abeilles solitaires, Osmies rousses (Osmia bicornis).

28.1.15

Sie sind ökologisch genauso wichtig wie die Honigbienen. Sie bestäuben kleine Blüten, die für die großen Brummen viel zu schwach sind.

Ecologically they are as important as regular honey bees. They pollinate smaller blossoms which are too delicate for their heavier brethren.

Leur rôle, sur le plan écologique, est tout aussi important que celui des abeilles domestiques, dans la mesure où elles fécondent les fleurs pour lesquelles les autres sont trop lourdes.

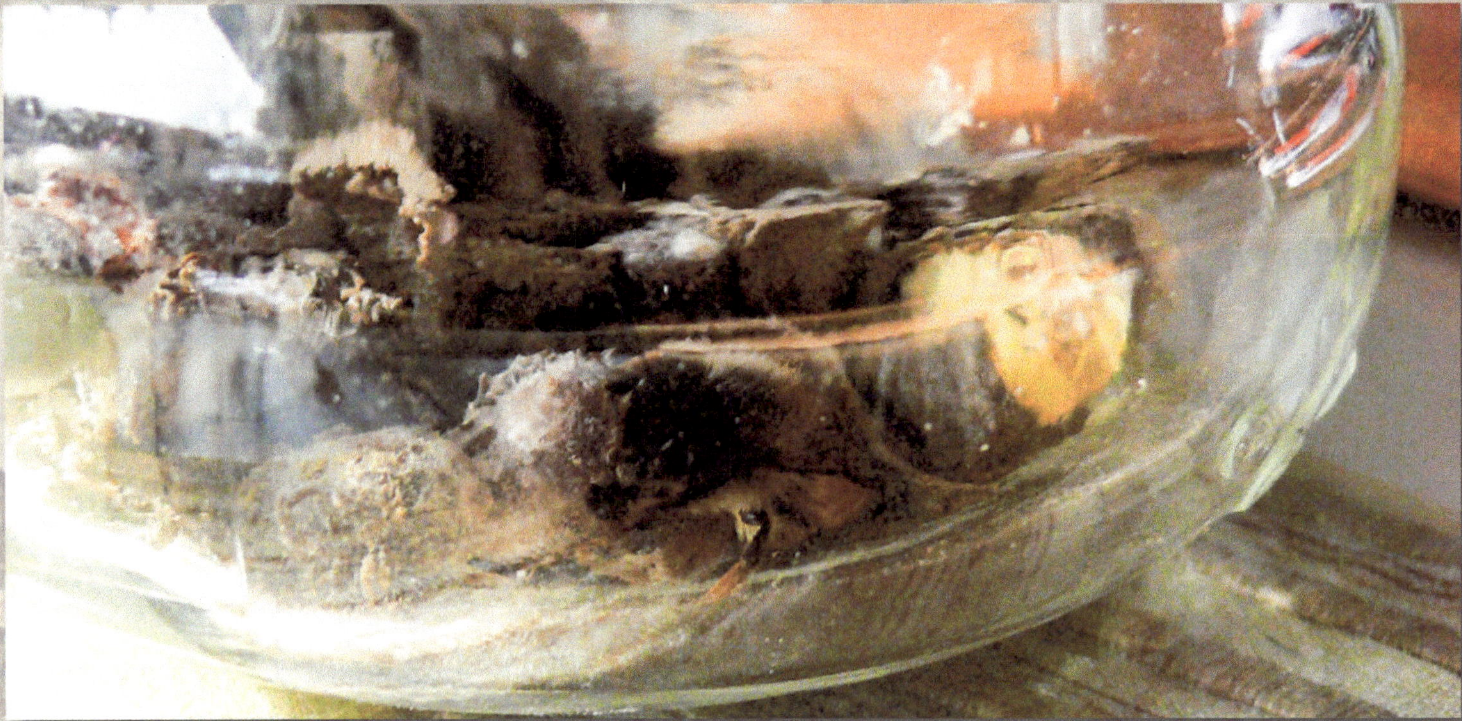

Die einen machten Flugversuche, und unten schlüpften neue.

Den Deckel musste ich immer mal öffnen, damit die kleinen Tierchen Luft bekamen.

Some of them made their first attempts at flying, while others hatched at the bottom.

I opened the lid from time to time to let some air in.

Certaines ont fait des tentatives de vol tandis que l'éclosion d'autres se poursuivait au fond du bocal.

Il fallait ouvrir le couvercle de temps en temps afin de permettre à ces petits animaux de respirer.

Die Dachluke ließ sich derweil wieder vollständig öffnen und schließen.

In the meantime, the window could be opened and closed without any difficulty.

Pendant ce temps, on pouvait ouvrir et fermer la lucarne sans problème.

Vorsichtig nähert sich das erste Bienchen dem Deckelrand.

The first little bee approached the edge of the jar cautiously.

La première petite abeille se rapproche du bord du couvercle avec précaution.

Nur noch ein kurzes Stück!

Just a little further now.

Encore un petit bout de chemin !

Eine schaffte es nur bis zu einer vertrockneten Blüte nebenan.

Ob sie die kalte Februar-Nacht überleben wird?

One of them only made it to a dried-out blossom nearby.

I was wondering whether it would survive the cold February night.

Une d’elles n’a réussi que d’atteindre la fleur séchée voisine.

Est-ce qu’elle va survivre à la nuit froide du mois de février ?

Die andern besannen sich nicht lange. Nach einer Verschnaufspause auf dem Glasrand flogen sie alle von dannen.

Zielstrebig, als wüssten sie genau, wohin sie müssen.

Es waren insgesamt acht von diesen kleinen, sympathischen Tierchen.

The other ones did not hesitate at all. After a little rest at the edge of the glass, all of them flew away.

They flew purposefully, as if they knew where to go.

Altogether, there were eight of these cute mini-bees.

Les autres n'ont pas réfléchi longtemps. Après une pause sur le bord du verre pour souffler, elles se sont toutes envolées.

Et ceci de manière déterminée, comme si elles savaient exactement où aller.

Il y avait en tout huit de ces petits animaux bien sympathiques.

Die Biene in der Blüte schien am nächsten Tag wirklich tot. Ich nahm sie ins Glas, um später Makro-Aufnahmen von ihr zu machen. Nach einer Weile begann sie sich aber zu regen, wurde immer munterer und entkam schließlich auch in die Freiheit.

The bee on the dry blossom seemed to be dead the next morning. I put it back in the jar to lay it to rest. Later on, I wanted to take close-up pictures of it. After a while, it began to stretch its legs and become more alert. Finally, it escaped to freedom.

Le lendemain, l'abeille se trouvant dans la fleur semblait vraiment morte. Je l'ai placée dans le bocal pour faire de la macrophotographie. Mais après un temps, elle commençait à bouger. Elle était de plus en plus en forme, et elle a finalement aussi gagné la liberté.

Bei Wikipedia findet sich unter *Wildbienen* ein interessanter Artikel zu diesen Tieren.

Rechts ein ungefährer Vergleich der Größe von Honig- und Wildbienen, hier Kärnter Biene (Apis mellifera carnica) und rostroten Mauerbiene (Osmia bicornis).

Wikipedia offers an interesting article about *bees*.

The pictures on the right show a size comparison between the wild bee and the honeybee, here Carniolan honey bee (Apis mellifera carnica) and red mason bee (Osmia bicornis).

Wikipedia propose sous le titre *Abeilles sauvages* un article intéressant traitant de ces animaux.

Ci-contre une comparaison approximative de la taille des abeilles sauvages et mellifères, ici abeille carniolienne (Apis mellifera carnica) et i’Osmie rousse (Osmia bicornis).

Gute Reise, kleine Biene!

Auf YouTube kann man sich ein kleines Video vom Abflug der Bienen anschauen.

Godspeed, little Bee!

You can watch a little video of the wild bees taking off on You-Tube.

Bon voyage, petite abeille!

Vous trouverez sur YouTube une petite vidéo sur l'envol des abeilles.

www.youtube.com/user/Bouggo

Ein weiterer Bildband von

Will Hofmann

Faszination Abriss, Faszination Aufbau

Kaum jemand kann sich diesen Vorgängen im öffentlichen Raum verschließen. Vor Baustellen bleiben Passanten stehen und verfolgen mit Interesse die Vorgänge hinter der Absperrung.

Der Autor Will Hofmann bildet in dieser Hinsicht keine Ausnahme. Als in der Nähe seines Wohnortes ein Seniorenwohnhaus abgerissen wurde, griff er zu seiner Kamera und verfolgte mit dieser von außen und von innen über Wochen und Monate den Fortschritt der Zerstörung und im Anschluss über mehrere Jahre den Aufbau neuer Gebäude.

Dieser Fotoband soll ein Stück weit dazu beitragen, aufzuzeigen, wie Dinge sich veränden und die Erinnerung zu erhalten, was hier einmal war.

100 Seiten 21,6 * 28 cm
ganzseitig farbig bedruckt
ISBN 978-3-942606-46-2